AF592544

LETTRE

DE

M. le C** de C** P**

A

M. le P** E** de S**.

AVIS

DE L'ÉDITEUR.

JE ne connais pas l'Auteur de cette lettre, & je crois qu'il importe peu au Public de ſavoir comment elle eſt tombée dans mes mains.

Partiſan zélé de la doctrine de M. MESMER, parce que je n'ai rien vu dans cette doctrine qui n'eût le plus grand bien de l'humanité pour objet, je m'intéresse vivement à tout ce qui peut contribuer à fixer l'opinion qu'il convient d'en avoir.

J'ai donc cru faire une chose utile en publiant cet ouvrage. On y trouvera de l'obscurité, de la singularité même, des choses qui ne sont qu'ébauchées : mais on y appercevra le germe de plus d'une vérité importante ; & cela seul suffira sans doute pour engager les hommes accoutumés aux méditations profondes, à réfléchir avec quelque soin sur le nouveau système de connaissances qui leur est ici présenté.

Resterait à me justifier sur l'usage que je fais d'un ouvrage qui ne m'appartient pas; mais j'en ai quelque temps cherché le véritable propriétaire, & l'on n'a pu ou l'on n'a pas voulu me le nommer. Alors je n'ai confidéré que l'utilité dont il pouvait être, & j'en ai difpofé comme d'une chofe abandonnée, dont l'intérêt public devait feul déterminer la publication.

*D** M** B***

LETTRE

DE

M. le C** de C** P**

A

M. le P** E** de S**.

VOUS desirez savoir, Monsieur, quelle est précisément mon opinion sur la découverte du Docteur Mesmer, & connaître quelques-unes des réflexions qui m'ont conduit à me convaincre de l'existence de la vérité qu'il nous annonce : je vous ferai part avec plaisir de mes recherches. Le desir que vous témoignez est celui d'un homme sage, ami de la vérité ; & c'est à mes yeux le plus beau titre dont on puisse se glorifier.

Le Magnétiſme animal, annoncé par M. Meſmer, eſt une de ces découvertes qui doivent faire époque dans l'hiſtoire des connaiſſances humaines. Il propoſe de démontrer, par une théorie appuyée ſur des faits, l'exiſtence d'un principe agiſſant ſur tous les êtres animés, & d'indiquer les moyens par leſquels il agit ſur eux. C'eſt, dit-il, ſur ce ſeul principe que la phyſique doit s'appuyer pour s'éclairer & s'étendre : c'eſt de là ſurtout que doivent dériver l'art ſi précieux de guérir les hommes, & l'art, plus précieux encore, de les préſerver des maladies nombreuſes auxquelles leur organiſation les aſſujettit. Quel objet plus intéreſſant pour l'humanité ! Quel ſujet d'admiration pour les Philoſophes ! Garantir les hommes des maladies qui les aſſiegent ; c'eſt les faire jouir de toutes les facultés qu'ils ont reçues de la Nature; c'eſt véritablement étendre leur exiſtence; c'eſt, dans toutes les circonſtances de la vie, les mettre à portée de ſaiſir toutes les portions de bonheur dont leur conſtitution les rend ſuſceptibles.

Ne doit-on pas s'étonner de voir l'Auteur d'une découverte ſi importante en butte aux contradictions de l'ignorance, & ne pouvoir parvenir à ſe faire entendre ; & même encore aujourd'hui, après quinze ans de travaux, être obligé de repouſſer les imputations les plus abſurdes, & les plus odieuſes calomnies?

Malheureuſement, les grandes découvertes ont toujours rencontré de tels obſtacles! Ce n'eſt guere qu'aux traits de la perſécution que le Philoſophe reconnaît la vérité. Le temps ſeul éclaire les hommes; peu-à-peu les esprits étonnés reviennent de leur surprise ; le nuage de l'erreur s'étend & se dissipe, la vérité paraît; elle est saisie avec cet enthousiasme qui semble démontrer que nous sommes nés pour la connaître, & les siecles écoulés ne sont plus pour nous qu'un objet d'étonnement & de pitié.

La découverte de M. Mesmer a donc essuyé de grandes contradictions, comme toutes les vérités nouvelles : c'est en vain qu'il a appellé l'expérience à son secours; on a refusé de s'y rendre, lors même que l'on a été forcé d'avouer que l'on était convaincu.

Quant à moi, Monsieur, dès que je l'ai été, j'ai cru devoir le dire, & le soutenir ouvertement, sans appréhender d'être traité de visionnaire, persuadé que lorsqu'on a fait tous ses efforts pour se convaincre d'une vérité, & qu'on croit y être parvenu, la droiture & la justice exigent également que l'on s'éleve au-dessus des craintes puériles que peuvent faire naître les propos des gens à routine; persuadé encore qu'il est des erreurs respectables, & que si, contre toute évidence, il était possible que je me trompasse moi-même, il me serait glorieux de m'être laissé séduire à l'aspect si satisfaisant de voir naître un moyen réel de conserver la vie & la santé des hommes. Au reste, Monsieur, je m'attends à tout ce que l'on pourra dire; lisez les raisons qui m'ont persuadé, & jugez-moi.

Le hasard me conduisit chez M. Mesmer au mois de Mars de l'année 1780; j'étois attaqué, suivant l'avis de Médecins célebres, d'un asthme sec; je fus *touché* par M. Mesmer pour ainsi dire malgré moi, & quelques minutes après, je perdis connaiſſance; revenu à moi au bout d'une heure, je me trouvai plus frais, plus léger, à-peu-près dans l'état où l'on ſe trouve après un bain dans un été fort chaud. Convaincu, par cet eſſai, que M. Meſmer agiſſait réellement ſur les hommes, je n'héſitai pas à me confier à ſes ſoins, pour chercher à vérifier par moi-même ſi cette action était auſſi utile qu'elle était réelle. J'allai chez lui pendant trois mois aſſidument; éprouvant dans cet intervalle des ſueurs & des évacuations, ſans prendre aucun remede. Au bout de ce temps, je voulus vérifier mon état: comme il m'était impoſſible, avant mon traitement, de faire aucun exercice, ſans être ſaiſi auſſi-tôt après d'une attaque d'aſthme, il me fut aiſé de me convaincre que ma maladie avait diſparu, lorſque j'eus fait de longues promenades, & joué à la paume pendant quatre heures, ſans en éprouver aucune incommodité.

Je fus donc alors perſuadé de deux vérités qu'annonçait M. Meſmer ; qu'il était poſſeſſeur d'un moyen agiſſant ſur les hommes ; & que ce moyen, par ſon action, contribue à rétablir leur ſanté : en conſéquence, j'oſai former le deſſein d'acquérir une conviction raiſonnée de ces vérités, une conviction appuyée ſur des principes, dérivant de ce que j'avais éprouvé, & des faits que M. Meſmer avait opérés ſous mes yeux.

Obligé de m'éloigner du lieu qu'habitait M. Meſmer, ce fut loin de lui, & ſans ſes inſtructions, que je parvins à former une ſuite d'idées qui expliquaient à ma raiſon ce que l'expérience m'avait forcé de croire. Il y a aujourd'hui près de trois ans que, toujours distrait par mes devoirs, je n'ai pu me livrer à l'étude curieuse que j'ai commencée, avec toute l'attention que j'aurais desiré; aussi ai-je fait très peu de progrès, & suis-je encore bien éloigné de pouvoir me vanter de posséder à cet égard quelque chose de suivi & de parfaitement satisfaisant. J'avoue cependant que j'ai pénétré quelques points de la doctrine mystérieuse qui m'est encore cachée; mais ce que je peux savoir n'a servi qu'à me convaincre qu'il me restait encore infiniment à apprendre. J'ai fait quelques expériences, d'abord très faibles, peu-à-peu plus considérables; & faisant toujours précéder mes expériences de raisonnements qu'elles confirmaient, j'ai fait marcher ensemble ma théorie & mes faits. Lorsque j'ai cru entrevoir que ma théorie était encore imparfaite ſur certains points, je me ſuis arrêté, parce qu'opérant ſur des hommes, je ne devais agir qu'autant que le ſuccès des expériences que je me propoſais, m'était démontré; & j'ai la ſatisfaction de pouvoir certifier que je n'ai jamais fait que du bien, quelquefois moins que je ne l'aurais voulu, & aſſez ſouvent autant qu'il était poſſible d'en faire (*a*). Voilà, Monſieur, le point où je ſuis parvenu; jugez ſi

(*a*) Les premieres expériences que j'ai faites, furent en 1780. Certain, par le ſyſtême que je m'étais fait, que je devais agir d'une maniere ſenſible ſur un être en état de maladie, je fis l'eſſai de ma théorie, & vis avec ſatisfaction, dès la premiere fois, l'expérience la ſuivre & la confirmer. Affermi dans mes principes par une conviction auſſi forte, je continuai mes eſſais; &, l'année ſuivante, j'eus le bonheur de guérir un homme d'un d'après cela il m'eſt permis, non de douter, mais d'appréhender que l'on

---

abcès dans la tête, occaſionné par une chûte. Quelque temps après, ayant raſſemblé chez moi pluſieurs Membres de l'Académie des Sciences, je leur propoſai d'être témoins des effets que j'opérais ſur pluſieurs malades, parmi leſquels ſe trouvait une femme qui, à la ſuite d'une couche, avait un dépôt de lait au bras : après que je l'eus *touchée* pendant quelques inſtants, ils virent le lait ſortir par tranſpiration du bras de la malade.

L'année ſuivante, étant à Rochefort, j'y fis un grand nombre d'expériences, qui toutes eurent un égal ſuccès; j'eus même la ſatisfaction de voir pluſieurs perſonnes guéries par mes procédés.

Ne croyant pas alors qu'il fût néceſſaire de faire conſtater des faits qui étaient trop publics pour qu'on pût en nier l'exiſtence, je ne pris aucune précaution à cet égard; depuis, éclairé par l'expérience, on verra, à la fin de cette lettre, que j'ai trouvé convenable d'agir différemment.

me

me taxe d'inſenſé pour oſer avouer ouvertement que je ſuis convaincu. Au reſte, ſi je pouvais me dédire, beaucoup de perſonnes viendraient me rappeller que j'ai produit ſur elles des effets ſalutaires, & que j'ai des droits à leur reconnaiſſance.

Vous pouvez voir maintenant, par tout ceci, quelle eſt mon opinion ſur M. Meſmer; la connaiſſance que j'ai de ſon caractere a encore augmenté en moi l'eſtime que je lui porte. Toujours ami de l'humanité, malgré l'ingratitude des hommes à ſon égard, ſon ame ſenſible ne peut ſe démentir; la ſouffrance & les maux appellent ſon cœur au plaiſir de les ſoulager; & il accorde le plus ſouvent les ſecours par le ſeul deſir de faire du bien : l'ingratitude & les noirceurs dont il a été la victime ne peuvent lui paraître un motif de refuſer ſes ſoins à ceux qui les réclament. Au-deſſus de toutes les perſécutions perſonnelles, il n'eſt véritablement affecté que de celles qui peuvent tendre à éloigner le bien qu'il veut faire aux hommes : de ce genre ſont malheureuſement les eſſais que l'ignorance a quelquefois haſardés pour l'imiter.

Une théorie ſuivie doit toujours être le flambeau qui éclaire les démarches du Savant. C'eſt par elle qu'il dirige ſes expériences, & qu'il les rend propres à ſervir de démonſtrations ; ſans cela il n'opere plus que par tâtonnement & au haſard ; les expériences paraiſſant ſe contredire, l'inſuffiſance de celui qui opere paſſe pour celle de la choſe, & la vérité diſparaît à l'inſtant même où on l'avait apperçue.

Telles ſont, dans ce moment, les circonſtances fâcheuſes où ſe trouve M. Meſmer : ſa découverte eſt aujourd'hui annoncée & miſe en pratique par un homme qui, trahiſſant ſa confiance, oſe s'offrir comme poſſeſſeur d'une ſcience dont à peine il a ſaiſi quelques éléments. Une telle audace produirait ſans doute des effets bien dangereux ſi la conduite même de ce faible imitateur n'était pas faite pour révolter tout homme ami de la probité, & pour écarter à jamais de lui la confiance de cette portion éclairée du Public qui forme l'opinion & prépare la renommée.

Après vous avoir expoſé, Monſieur, les raiſons qui ont contribué à me convaincre, ainſi que celles qui m'engagent à penſer combien il eſt nuiſible aux progrès de toute vérité d'être tranſmiſe en partie & d'une maniere indéterminée par ceux qui n'en ont qu'un faible apperçu, vous ne devez pas attendre de moi que j'entre dans des détails bien étendus ſur les queſtions auxquelles vous deſirez que je réponde; trop peu inſtruit, je ne ferais que vous égarer : c'eſt à la ſource même qu'il faut puiſer l'inſtruction d'une vérité neuve & ſi utile.

Les réflexions que je vous envoie ne ſont que mes propres idées, & mes idées exprimées d'une maniere bien imparfaite. M. Meſmer lui ſeul eſt en état de mettre au jour les principes de la ſcience dont il eſt l'inventeur. Puiſſe-t-il enfin exiſter d'une maniere aſſez tranquille & ſe trouver dans une ſituation aſſez avantageuſe pour développer, dans toute ſon étendue, le ſyſtême de ſes connaiſſances, & faire jouir l'humanité des fruits précieux de ſes travaux!

RÉFLÉXIONS.

L'objet qui doit nous intéresser le plus est la connaissance de notre être, de ses propriétés, des causes qui le font agir & exister tel que nous le voyons.

Depuis long-temps on a regardé l'homme comme un *animal* doué par l'Etre suprême d'une partie existante en lui, mais indépendante de lui, intellectuelle, spirituelle, & absolument immatérielle; comme un animal d'une espece d'autant plus parfaite que, pour recevoir l'intelligence qui le distingue, il faut que son animalité soit exquise. Or, laissant à part le principe spirituel auquel il obéit, examinons quelles peuvent être les propriétés de son organisation, & les effets qui résultent du développement de ces propriétés.

Je suppose l'existence d'un fluide

répandu dans l'univers, agiſſant ſur tous les êtres animés, comme cauſe du mouvement, & mettant en jeu leurs organes.

Un tel fluide ne peut être conſidéré par rapport à l'homme, qu'agiſſant ſur ſa partie purement phyſique ou animale; & alors ce fluide doit agir ſur lui de même que ſur les autres animaux : mais il doit y produire des effets plus parfaits en tous genres, plus variés & en plus grand nombre; parce que la machine ſur laquelle il agit eſt portée à un tel point de perfection dans ſon organiſation, qu'elle eſt ſuſceptible d'éprouver, pour ainſi dire, l'attouchement d'un être purement ſpirituel. L'homme, comme étant compoſé de deux ſubſtances abſolument ſéparées dans leurs principes & dans leurs effets, coïncidant cependant enſemble par leurs extrémités, la nature animale par ſon point de plus haute perfection, & la nature ou l'eſſence ſpirituelle par ſon point de moindre perfection; l'homme doit donc, dans les opérations qui réſultent du mouvement & du jeu de ſon organiſation, néceſſairement ſe montrer ſupérieur à tous les êtres qui exiſtent avec lui ſur la ſurface de la terre.

Mais cette ſupériorité, appartenant toute entiere au principe ſpirituel, auquel il obéit, ne peut nous fournir la raiſon d'aucun des phénomenes que nous préſente ſon animalité; & comme ce ſont ces phénomenes qui nous occupent, ce n'eſt point en ce que l'homme a de plus que les animaux, même dans ſon organiſation phyſique, mais en ce qu'il a de commun avec eux, qu'il s'agit de le conſidérer ici.

La propriété des animaux proprement dits qui les rapproche de nous a été nommée *inſtinct*; ne donnons point d'autre nom à ce qui nous eſt commun avec eux, & diſtinguons dans l'homme les propriétés de ſa nature phyſique, que nous appellons auſſi *inſtinct*, de cette intelligence ſpirituelle que nous appellons *ame*, *eſprit*, &c.

C'eſt de cet inſtinct ſeulement que je vais parler; & les effets & les combinaiſons de cet inſtinct qui ſeront conſidérés ici, je les nommerai *moral-animal*, à cauſe de l'eſpece de rapport qu'ils ſemblent avoir avec les facultés de l'homme que nous nommons proprement *morales*. Ainſi, l'on ne perdra pas de vue que l'expreſſion de *moral-animal*, par rapport aux hommes, correſpond aux effets de l'*inſtinct* que l'on remarque chez les animaux.

Je répete donc qu'il exiſte un fluide répandu dans l'univers, qui, par ſon action ſur les organes des êtres animés,

més, développe en eux les propriétés de leur inſtinct.

Or, qu'eſt-ce qui ſe paſſe dans l'homme modifié par le fluide dont nous parlons? Deux choſes qu'il faut bien diſtinguer, quoique la cauſe qui les produit ſoit la même : d'abord une impreſſion purement phyſique ſur les organes; enſuite une impreſſion provenant du jeu parfait de ſon organiſation, qu'il faut appeller *moral-animal*, pour la diſtinguer de la premiere.

De ce fait inconteſtable que réſulte-t-il? Deux vérités.

La premiere, qu'il y a une influence certaine du phyſique de l'homme & des animaux ſur ce que nous nommons leur moral; ce moral-animal, tel que nous l'avons défini, & que nous l'enviſageons dans ce moment, n'étant pour ainſi dire, qu'une modification, une propriété de leur phyſique.

Une obſervation conſtante & journaliere vient ici à l'appui de ce que l'on avance. Jettez les yeux ſur l'état de l'homme & des animaux, lorſqu'il s'opere en eux une révolution ayant pour objet la conſervation de leur exiſtence; obſervez-les dans le moment de la digeſtion, par exemple. Toutes les facultés morales de l'homme ne ſont-elles pas alors infiniment affectées, plus ou moins cependant, ſelon la force ou la faibleſſe de ſa complexion ? N'en eſt-il pas de même chez les animaux ? Ne remarquez-vous pas qu'en cet inſtant ils ſont plus lourds, que leur inſtinct demeure comme engourdi, que leurs facultés *morales* n'ont plus la même énergie ? Peut-être un tel changement eſt-il moins ſenſible dans les animaux livrés à eux-mêmes, que dans les animaux domeſtiques. Il eſt tout ſimple, en effet, que la domeſticité produiſe dans le tempérament des animaux une révolution ſemblable à celle que les uſages & la ſociété operent chez les hommes : mais ce changement, pour être moins frappant dans l'état de nature que dans l'état de domeſticité, n'en eſt cependant pas moins réel ; il eſt toujours facile à remarquer.

La ſeconde vérité qu'il faut établir, c'eſt que, de même que le *phyſique* agit ſur le *moral*, dans l'homme & dans l'animal, le *moral*, à ſon tour, dans l'un & l'autre, réagit ſur le *phyſique* de la maniere la moins équivoque & la plus ſenſible. On a vu des hommes & des animaux qui, retenus dans une eſpece d'extaſe par une forte attention, n'ont pas ſenti des maux phyſiques très réels. Tout le monde ſait de quelle maniere Archimede perdit la vie, & l'on n'ignore pas que bien des gens ſe ſont trouvés bleſſés après une action, ſoit corps-à-corps, ſoit dans une armée, ſans avoir reſſenti la plus légere douleur au moment de leurs bleſſures.

De quels effets, ou ſinguliers ou funeſtes, une grande émotion, un effroi ſubit, n'ont-ils pas été ſouvent ſuivis! Les Militaires ont remarqué qu'après des actions vives à la guerre, le beſoin de ſe nourrir eſt très grand, quoiqu'on y ait pourvu auparavant: la digeſtion ſe fait alors avec une promptitude étonnante. Mais une digeſtion hâtée n'eſt jamais auſſi propre à nourrir que celle qui s'opere dans un temps convenable; & dès-lors il n'eſt pas étonnant que le beſoin de manger renaiſſe ſi promptement.

Quant aux individus dont la conſtitution phyſique, moins forte, ne peut ſupporter un grand effet venant du *moral*, leur digeſtion, lorſqu'ils éprouvent un ſaiſiſſement violent, ne peut ſe faire ſans trouble; & quelquefois ce trouble peut être aſſez dangereux pour opérer dans leur organiſation une révolution dont les ſuites ſont durables.

Si l'on joint à cela les effets extraordinaires attribués à ce que l'on nomme imagination, on ſera forcé de convenir du grand pouvoir des affections morales ſur le phyſique: & de tous ces faits il ſera aiſé de conclure, 1°. que le rapport réciproque entre le phyſique & le moral des êtres animés eſt inconteſtable; 2°. que l'influence réciproque de l'un ſur l'autre eſt réelle, en ſorte que le phyſique ne peut être affecté ſans que le moral ne le ſoit, & *vice verſa*; 3°. en rapprochant ces deux vérités, que les affections phyſiques & les affections morales ayant un rapport ſi immédiat, ces deux affections ſe touchent, pour ainſi dire, qu'elles naiſſent l'une de l'autre, qu'elles ſont produites par la même cauſe, par le fluide, par exemple, dont nous avons ſuppoſé l'exiſtence; en un mot, qu'elles ont un même principe, un même conſervateur, un même moteur.

Cela poſé, on a regardé juſqu'à préſent l'état maladif de l'homme comme n'appartenant qu'à un dérangement arrivé dans ce qu'on appelle en lui le phyſique; & en conſéquence on n'a cherché que dans les productions de la nature, & non pas dans le ſyſtême de ſes loix, les moyens de guérir. De là beaucoup d'eſſais dangereux, beaucoup d'expériences particulieres, dont il n'eſt réſulté aucune connaiſſance générale & préciſe; de là une incertitude effrayante ſur les principes que la Médecine doit raſſembler pour connaître l'eſpece des maladies; de là des erreurs ſans nombre, parce qu'on n'a vu que la moitié de l'objet qu'il fallait obſerver, & qu'égaré par une routine de pluſieurs ſiecles, on n'a pas ſoupçonné qu'on dût marcher par une autre route que celle dans laquelle on marche depuis ſi long-temps.

Or, autant que j'en puis juger (car je le répete, ce n'eſt que mon ſentiment que j'expoſe), ce qui diſtingue la doctrine de M. Meſmer de la doctrine ordinaire; c'eſt qu'au lieu d'aller chercher l'art de guérir dans une foule de faits particuliers, qui ne prouveront jamais rien, & dont l'expérience, qui varie comme le tempérament des individus, rendra toujours l'analogie inexacte, il s'eſt ſpécialement attaché à connaître ce principe conſervateur & moteur de notre être phyſique; ce principe que les Médecins ont désigné d'une maniere vague par le mot *nature*, & dont ils s'efforcent, souvent en vain, de seconder les effets bienfaisants.

C'est en observant son action sur l'organisation des hommes & des animaux, qu'il est parvenu à deviner la maniere dont les uns & les autres sont modifiés. C'est ensuite en imaginant une théorie de moyens, imitative de la théorie des loix d'après lesquelles tous les êtres animés se meuvent, se régénerent & se conservent dans notre systême, qu'il a trouvé un nouvel art de guérir; art d'autant plus certain, qu'il a pour base la nature elle-même, dont il n'est & ne doit être en effet que l'imitation.

On aura donc tout fait en Médecine, & fait un grand pas dans la Physique, lorsqu'on sera parvenu à connaître la nature & les propriétés du fluide dont nous parlons ; quand on aura saisi & déterminé son action sur les organes des êtres animés.

Or, voici comment je conçois l'existence de ce fluide, & quelle est la maniere dont je pense qu'il doit agir sur les êtres organisés.

Ire PROPOSITION.

Tous les êtres animés ont une tendance uniforme à un même but, qui est celui de la conservation de leur existence ; ils y parviennent par des moyens différents analogues à leurs especes.

On conviendra facilement que les hommes & les animaux ont en eux un sentiment naturel, inné, qui les porte à conserver leur existence. Les animaux semblent ne s'occuper que de ce soin, & n'être mus que par ce seul sentiment. Les hommes, distraits par des passions nombreuses, que trop souvent leur intelligence ne peut guider ni restreindre, se proposent plus directement de jouir que d'exister.

Mais, quoi qu'il en ſoit, quel eſt ce ſentiment qui porte l'homme, ou l'animal, à s'occuper, pour ainſi dire comme malgré lui, des moyens de conſerver ſon exiſtence? C'eſt cette faculté que nous avons appellée inſtinct dans les animaux, & à laquelle on n'a encore donné aucun nom chez les hommes.

Or, ſuivant les diverſes eſpeces d'animaux, l'inſtinct eſt différent; les moyens qu'ils mettent en œuvre ne ſont donc pas les mêmes, & ces moyens doivent varier dans le même rapport que l'inſtinct qui les fait agir.

On peut donc dire que tous les êtres animés tendent à un même but par une force que nous nommerons *moral-animal* (ſuivant la définition de ce mot donnée plus haut), mais que les moyens qu'ils emploient different en raiſon de leurs eſpeces.

IIe PROPOSITION.

Les différents moyens que les êtres animés mettent en œuvre pour conserver leur existence, résultent de la différence de leurs organes ; & c'est dans la différence des organisations seulement, qu'il faut chercher la cause de ces moyens particuliers, le moyen général que la nature emploie pour nous conserver étant absolument le même pour toutes les especes.

LES êtres animés, comme nous avons dit, ont tous une tendance uniforme à un même but, & ils n'y tendent que par un moyen que nous nommons moral-animal. La force qui les dirige peut donc être regardée comme agiſſant immédiatement ſur leur moral ; & ſi les moyens qu'ils emploient ne ſe reſſemblent pas, la cauſe en eſt qu'ayant des organes différents, ils ne peuvent avoir le même moral-animal, & conſéquemment être mus dans une direction ſemblable par la force à laquelle ils obéiſſent. Nous voyons que les animaux de la même eſpece emploient les mêmes procédés pour conſerver leur exiſtence ; dans tous les pays, les hirondelles font leurs nids de la même maniere, ont la même façon de voler ; les caſtors bâtiſſent leurs retraites avec le même génie, & par-tout les lievres ſont poltrons. Si donc chaque eſpece agit uniformément, la différence des moyens qu'emploient les différentes eſpeces ne peut être attribuée qu'à leurs organiſations, qui different entr'elles comme les eſpeces : donc on peut regarder comme axiome cette troisieme proposition, déduite des deux premieres.

IIIe PROPOSITION.

Tous les êtres animés sont mus par une même force, agissant directement sur ce que nous nommons ici moral-animal ; la différence des effets résultants de cette force provient de la différence des organes sur lesquels elle agit ; & la seule différence qui existe (physiquement parlant) entre les hommes & les animaux, consiste dans la différence de l'organisation.

Nous venons de dire que c'est dans la différence des organisations que l'on doit chercher celles que l'on voit entre les diverſes eſpeces d'animaux ; & nous avons conclu cette vérité de celle qui a été reconnue, que, dans tous les êtres animés, il exiſte une force premiere, innée, qui les dirige continuellement vers un même but. Examinons maintenant de quelle eſpece peut être cette force.

Les moyens ou actions qu'elle produit ſont, dans les animaux, l'effet de l'inſtinct ; &, dans les hommes, l'effet d'un ſentiment ſemblable ; l'effet d'un ſixieme ſens, de ce *ſens intérieur*, ce *ſenſorium*, dont l'illuſtre Auteur de l'Hiſtoire Naturelle a ſoupçonné l'exiſtence, qu'on n'a pas encore défini, & qu'il faut bien déſigner, comme je l'ai dit, par le mot *moral-animal* ; mais qu'il faut ſoigneuſement diſtinguer de ce principe intelligent qui n'obéit en nous à aucune loi méchanique, & qui, modifiant notre être avec une liberté ſans meſure, nous éleve infiniment au-deſſus des animaux.

Il exiſte donc une force naturelle qui conduit & dirige les êtres animés vers un même but, par une tendance uniforme : cette force doit donc avoir un mouvement donné qui ne change point, agir ſuivant une direction conſtante ; & par conſéquent les effets qu'elle produit ſur les êtres animés ſont entr'eux dans le rapport de la perfection des organes. Mais, quels ſont les effets réſultants de cette force par laquelle les êtres animés ſont portés à conſerver leur exiſtence ? Ce ſont les actions des êtres animés. Or, pour effectuer une action, il faut néceſſairement un choix ; un choix ne peut ſe faire ſans réflexion ; le choix fait, il faut une détermination pour agir. Il eſt donc clair que cette force produira d'abord une réflexion, puis une

une détermination, d'où résultera une action : or, comme nous avons vu que cette force premiere, & innée, était la cause des actions ; il résulte qu'elle produit, par son effet sur les organes des animaux, ces trois opérations, dites morales, qui doivent nécessairement précéder une action. Le chien qui chasse obéit à son instinct, (ou à cette force innée) qui le conduit après le gibier ; mais il agit cependant avec réflexion & combinaison. Le renard, plus livré à son état naturel, a ses ruses, ses détours ; les vieux chassent mieux que les jeunes, ils apprennent de leurs peres, de l'expérience ; il faut donc qu'ils combinent & choisissent.

Considérons maintenant les hommes sous le rapport que nous nous sommes proposé. On voit que cette même force agissant sur leurs organes, produira le même effet. Or, je ne puis considérer cette force que comme une chose physique, comme un fluide éminemment subtil & pénétrant, ou, pour mieux dire encore, en me servant des propres termes de M. Mesmer (*a*), « un fluide universellement » répandu & continué de maniere à » ne souffrir aucun vuide, dont la » subtilité ne permet aucune compa» raison, & qui, de sa nature, est » susceptible de recevoir, propager & » communiquer toutes les impressions » du mouvement ». Mais de quelle espece est ce fluide? Quelles peuvent être ses diverses propriétés, &c? Ce sont des questions qui se présentent

---

(*a*) *Voyez le Mémoire de M. Mesmer sur le Magnétisme animal, imprimé chez* DIDOT *le jeune, Quai des Augustins. Paris,* 1779.

d'elles-mêmes, & qui pourront ſe réſoudre par la ſuite. Dans ce moment, n'allons pas ſi loin : & pour ne point faire d'équivoque, ne donnons aucun nom précis à ce fluide ; déſignons-le ſeulement par celui d'agent général, ainſi que l'a fait l'Auteur de la découverte dont il s'agit ici (*a*). Il ſuffit de ſavoir que, ſans déterminer encore poſitivement ſa nature, je le conſidere comme force premiere & innée, agiſſant ſur les êtres animés par pénétration. Il exiſte donc un fluide qui, pénétrant les êtres animés, eſt en eux la cauſe premiere des effets naturels que nous avons nommés moraux. Mais comment peut agir en nous ce fluide pour être la cauſe des effets

(*a*) *Voyez le Mémoire ſur la découverte du Magnétiſme animal.*

que j'appelle moraux ? Voici comme je l'explique.

Il eſt bien reconnu que nos ſenſations ſont les moyens par leſquels ſe produit en nous le ſentiment ; il eſt auſſi reconnu que la tranſmiſſion des ſenſations doit ſe faire par les parties les plus déliées du corps des êtres animés. Or ces parties déliées ſont en eux les nerfs ; on peut donc conſidérer les nerfs comme les premiers points viſibles par leſquels nous éprouvons des ſenſations : mais les ſenſations étant la cauſe des ſentiments, & les ſentiments la cauſe des effets nommés moraux, on doit regarder les nerfs comme les machines diſpoſées dans le corps des êtres animés pour recevoir l'impulſion premiere de notre fluide ; c'eſt par eux que nos ſenſations, tranſmiſes dans notre intérieur, produiſent les ſentiments d'où naiſſent les effets que nous appellons moraux.

Il doit donc y avoir dès-lors un rapprochement très grand entre ce fluide & ce que de nos jours on a nommé fluide nerveux : cependant il eſt eſſentiel de ne point confondre ces deux choſes, pour ne point adopter de fauſſes idées; & malgré cette apparence de rapport, je perſiſte à ne point le dénommer ainſi. Sachons ſeulement que ce fluide, inconnu juſqu'à préſent, doit, d'après ce que nous diſons ici, agir immédiatement ſur les nerfs (*a*), & ainſi mettre en jeu les organes des

---

(*a*) On reconnaîtra par les faits, d'après les regles-pratiques que j'établirai, que ce principe peut guérir immédiatement les maladies des nerfs, & médiatement les autres. (*Propoſition 23, page 81, du Mémoire ſur le Magnétiſme animal.*)

êtres animés (*a*). Concluons de là qu'il doit être regardé comme la premiere cauſe de toutes les propriétés attribuées ſi vaguement aux nerfs, de ce qu'on appelle ſenſibilité par exemple ; & en rappellant ce qui a été dit plus haut, ne nous étonnons plus ſi dans les maladies vaporeuſes (ou de nerfs, proprement dites) le *moral* éprouve un dérangement beaucoup plus maniſeſte que dans toute autre maladie, & s'il eſt affecté en raiſon des progrès de la maladie, de ſes accès & de ſes criſes.

CONCLUSION.

En réſumant, il me ſemble que la ſuppoſition que j'ai faite eſt prouvée,

---

(*a*) Le corps animal éprouve les effets alternatifs de cet agent ; & c'eſt en s'inſinuant dans la ſubſtance des nerfs, qu'il les affecte immédiatement. (*Propoſition 8*ᵉ, *ibid.*)

c'eſt-à-dire, qu'il exiſte réellement dans la nature un fluide (*a*) éminemment ſubtil & pénétrant, qui, par ſon action ſur l'organiſation des êtres animés, les conſtitue ce qu'ils ſont. L'on peut donc regarder ce fluide comme cauſe de la vie, & par conſéquent de la ſanté; c'eſt ce fluide qui, par ſon action ſur nos nerfs, porte dans nos corps la vie, & par la liberté avec laquelle il fait agir nos organes, entretient la ſanté, & nous conduit ainſi au but général de conſerver notre exiſtence. Si donc il arrive que la ſanté ſoit altérée, on doit en attribuer la

---

(*a*) *Un fluide univerſellement répandu & continué de maniere à ne ſouffrir aucun vuide, dont la ſubtilité ne permet aucune comparaiſon, & qui, de ſa nature, eſt ſuſceptible de recevoir, propager & communiquer toutes les impreſſions du mouvement.* (*Propoſition* 2e.)

cauſe, non à la diminution de force ou de mouvement de ce fluide, qui, par ſa nature, agit d'une maniere permanente & uniformément conſtante ſur les êtres animés, mais à une altération quelconque dans le jeu des organes ſur leſquels il agit. L'art de guérir devient donc par cette obſervation celui de détruire dans les organes l'altération qui peut y avoir été cauſée : définition qui s'accorde aſſez bien ce me ſemble avec le principe reçu juſqu'à préſent en Médecine. Il ne s'agit donc pour rétablir l'équilibre ou la ſanté, que d'employer des moyens capables de détruire l'altération arrivée dans les organes. C'eſt auſſi le but que ſe propoſe la Médecine, & auquel elle eſpere toujours parvenir par l'effet des différents remedes qu'elle adminiſtre. Mais ne paraît-il pas bien plus ſimple & plus naturel pour y parvenir,

parvenir, d'y faire ſervir ce même agent qui nous conſtitue (*a*), que d'y employer tout autre moyen (*b*)? Or, c'eſt l'art de faire agir ce fluide,

---

(*a*) En communiquant ma méthode, je démontrerai, par une théorie nouvelle des maladies, l'utilité univerſelle du principe que je leur oppoſe. (*Propoſition 25, Mémoire ſur le Magnétiſme animal.*)

(*b*) Une aiguille non aimantée, miſe en mouvement, ne prendra que par haſard une direction déterminée; tandis qu'au contraire, celle qui eſt aimantée, ayant reçu la même impulſion, après différentes oſcillations proportionnées à l'impulſion & au magnétiſme qu'elle a reçus, retrouvera ſa premiere poſition & s'y fixera. C'eſt ainſi que l'harmonie des corps organiſés, une fois troublée, doit éprouver les incertitudes de ma premiere ſuppoſition, ſi elle n'eſt rappellée & déterminée par L'AGENT GÉNÉRAL dont je reconnais l'exiſtence : lui ſeul peut rétablir cette harmonie dans l'état naturel. (*Voyez le Mémoire cité, page 10.*)

d'employer ce moyen naturel, que M. Mesmer a découvert (*a*); c'est cette connaissance si belle, si neuve, qu'il desire transmettre à l'humanité; c'est enfin, comme il le dit lui-même (*b*), le moyen par lequel tout Médecin

---

(*a*) Cette action réciproque est soumise à des loix méchaniques, inconnues jusqu'à présent. (*Proposition 3, ibidem.*)

(*b*) Avec son secours, le Médecin est éclairé sur l'usage des médicaments, il perfectionne leur action, & il provoque & dirige les crises salutaires, de maniere à s'en rendre le maître.

Avec cette connaissance, le Médecin jugera sûrement l'origine, la nature & les progrès des maladies, même des plus compliquées; il en empêchera l'accroissement, & parviendra à leur guérison, sans jamais exposer le malade à des effets dangereux, ou des suites fâcheuses, quels que soient l'âge, le tempérament & le sexe. Les femmes même, dans l'état de grossesse, & lors des accouchements, jouiront du même avantage. (*Proposition 24 & 26, ibidem.*)

acquerra une connaiſſance exacte & parfaite de la cauſe de la maladie, par lequel il ſera éclairé ſur la nature des remedes, & pourra en augmenter les effets. C'eſt donc entre les mains des Médecins que cette ſcience doit ſe propager & s'étendre ; c'eſt par eux qu'elle doit être miſe en pratique (*a*) : & il n'appartient véritablement qu'à des hommes adonnés par état au ſoulagement de leurs ſemblables, d'en bien connaître l'importance, & d'en déterminer efficacement les progrès.

(*a*) Les Médecins, comme dépoſitaires de la confiance publique ſur ce qui touche de plus près la conſervation & le bonheur des hommes, ſont ſeuls capables, par les connaiſſances eſſentielles de leur état, de bien juger de l'importance de la découverte que je viens d'annoncer, & d'en préſenter les ſuites : eux ſeuls, en un mot, ſont capables de la mettre en pratique. (*Voyez Mémoire ſur la découverte du Magnétiſme animal, p. 84.*)

Voilà, Monsieur, ce que je crois & ce que j'entends relativement à la découverte de M. Mesmer; découverte de l'existence de laquelle je me suis convaincu par les effets que j'ai ressentis, & par les expériences nombreuses que j'ai faites. Peut-être trouvera-t-on de l'obscurité & des difficultés dans tout ceci : mais qu'on se rappelle que, peu instruit dans cette nouvelle science, je ne peux en donner une théorie entiere; ce ne sont que mes propres idées que j'avance. Cependant ces idées ont cela de remarquable, que c'est d'après elles seulement, & les principes détaillés dans cette lettre, que j'ai fait des expériences, qui toutes m'ont réussi, & par-là sont devenues pour moi autant de preuves de la vérité de mon systême. C'est donc par des effets physiques, réels & apparents, que je me ſuis convaincu de la juſteſſe de mes raiſonnements métaphyſiques : & ceci doit déterminer tout homme impartial à ne pas me juger ſans avoir fait quelques efforts pour m'entendre ; un ſyſtême appuyé ſur des faits inconteſtables ne devant pas être abſolument regardé comme une ſimple conjecture.

J'ai l'honneur d'être, &c.

J'ai cité dans une note, au commencement de cette lettre, des faits dont j'atteſte la vérité, mais que je ne puis garantir que par mon ſimple témoignage. En voici un qui s'eſt paſſé dans la ville de B[illegible], que j'ai fait conſtater d'une maniere non équivoque. Ayant fait pluſieurs expériences dans cette ville, on n'ignorait pas le deſir que j'avais de trouver l'occaſion de les multiplier, & de ſoulager ainſi l'humanité ſouffrante. M. S**, Médecin aussi instruit que sensible, persuadé qu'il ne pouvait plus soulager d'aucune maniere une malade qu'il voyait depuis plusieurs années, vint me trouver, & m'engagea à essayer sur elle l'efficacité du moyen extraordinaire dont le Public assurait que j'avais connaissance. Après qu'on m'eut certifié devant la famille de la malade, que tous les efforts de la Médecine ordinaire étaient inutiles, & que la malade n'avait plus que la mort à attendre, je consentis à la traiter suivant ma méthode; on verra dans le certificat ci-après, la cause & la nature de la maladie cruelle dont elle était tourmentée, & les effets aussi singuliers qu'avantageux que j'ai obtenus au moyen de mon traitement.

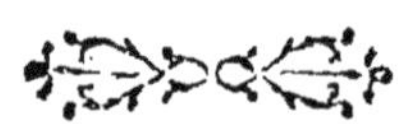

CERTIFICAT.

MADEMOISELLE de **, âgée de vingt-ſept ans, fut attaquée, il y a dix années, d'un vomiſſement, qui depuis n'a pu être arrêté par quelque moyen qu'on ait employé ; naturellement gaie, elle s'eſt accoutumée à cette maniere d'exiſter, mangeant avec appétit, & rendant les aliments auſſi-tôt après. Cependant la maladie faiſant des progrès lents, mais ſenſibles, le retour de chaque hiver a paru augmenter ſon mal, car l'été elle ſemblait reprendre des forces, & ſupporter mieux la fatigue que lui cauſaient les vomiſſements continuels. Des chagrins violents, & qui ſe ſont ſuccédés, ont joint aux vomiſſements habituels des convulſions, qui la laiſſaient enſuite quelquefois pendant quinze heures dans une eſpece de léthargie.

Dans les premiers temps où les convulſions parurent, on donna à la malade des anti-ſpaſmodiques de tous les genres ; la léthargie dans laquelle elle tombait engagea le Médecin à lui faire appliquer les véſicatoires ;

enfin, comme elle éprouvait, au commencement de chaque année, une douleur très-violente à la jambe gauche, on crut pouvoir en détruire la cause en faisant une incision profonde : mais toutes ces choses ne firent qu'augmenter le mal ; alors on se contenta de chercher à pallier les symptômes les plus pressants.

Cependant les accès de léthargie se rapprochaient ; les convulsions devenaient plus longues & plus fréquentes ; les vomissements devenaient continuels ; rien ne passait ; elle ne pouvait avaler une gorgée d'eau, sans être obligée de la rendre sur le champ avec de vives douleurs ; le pouls était misérable, la respiration presque insensible, la face cadavéreuse, la peau terreuse ; enfin, la malade paraissait dans un état si désespéré, que le jeudi 9 Janvier 1783, elle reçut les derniers sacrements. Tel était l'état de Mademoiselle de * * à l'époque où elle fut remise aux soins de M. le C * * de C * * P * *.

Nous soussignés, Médecin ordinaire, & Médecin employé au service de la Marine, premier Chirurgien & Chirurgien ordinaire de la Marine, certifions que Mlle. de * * étant dans l'état de maladie énoncé ci-dessus, elle a éprouvé, par des procédés à nous inconnus, un soulagement sensible, & que nous avons vu opérer sur ladite Dlle les effets les plus extraordinaires & les plus avantageux, tels que de lui ôter ou lui rendre la vue par un simple attouchement, de lui donner ou lui arrêter les convulsions, de la mettre dans le cas de sentir l'arrivée de M. le C** de C** P** à plus de cent pas de distance, de lui procurer un bien-être en se mouchant, en crachant, en marchant, quoique le moindre bruit l'incommodât ; de se faire entendre & de la faire parler & chanter dans son état léthargique, pendant qu'elle ne répondait jamais aux assistants, & que le son de leur voix excitait en elle des sensations désagréables ; que dans ce moment M. le C** de C** P** est parvenu à arrêter absolument les vomissements habituels, à lui faire garder les aliments, tels que de la crême de riz, du chocolat, des œufs, des racines en salade, à lui rendre les forces, à redonner à la peau la souplesse & le ton qui lui est naturel, & enfin à la rappeller à la vie ; que la malade n'a pris aucune espece de médicaments, & qu'il est plus que probable que dans le cas où la malade ne pourrait plus être soumise au moyen qui a été employé par M. le C** de C** P**, elle ne tardera pas à retomber dans le premier état d'affaissement d'où elle a été tirée, & à succomber à une maladie contre laquelle la Médecine ordinaire n'a pu agir en aucune façon. En foi de quoi nous avons signé le présent certificat, pour constater la vérité des faits ci-dessus énoncés, qui se sont d'ailleurs passés à la connaissance de tous les habitants de la ville de B**, & dont un grand nombre de personnes de tous états ont été témoins oculaires. Fait à B**, le dix-neuf de Février 1783.

Signés,

SA... Docteur Régent de la Faculté de Paris, 2[d] M. de la M.

BR... de M. 3[e] Méd. de la M.

LA BO. D. M.

DE LA PO... Docteur Régent de la Faculté de Paris, Empl. extraord. aux Hôp. de la M.

A. D. M.

BIL... premier Chirurgien-Major de la M.

LE TE... Chirurg.-Maj. de la M.

AUTRE CERTIFICAT.

NOUS, Chirurgiens ordinaires de la M. à B**, certifions avoir visité trois ou quatre fois la Demoiselle de **, lors des opérations de M. le C** de C** P**, & que nous lui avons vu faire naître & cesser des convulsions, suspendu le vomissement habituel, garder les aliments, tels que des crêmes de riz, acidulées avec le jus de citron; & c'est tout ce que nous pouvons attester, n'ayant pas été engagés à suivre ces opérations extraordinaires. Fait à B**, ce dix-neuf Février 1783.

Signés,

NICO... Chirurgien-Maj. de la M.

DUR. Chirurg.-Maj. de la M. Accoucheur.

www.ingramcontent.com/pod-product-compliance
Ingram Content Group UK Ltd.
Pitfield, Milton Keynes, MK11 3LW, UK
UKHW020430180726
13839UKWH00003B/1421